黃山

黃山歸來
不看嶽

檀傳寶◎主編　馮婉楨◎編著

中華教育

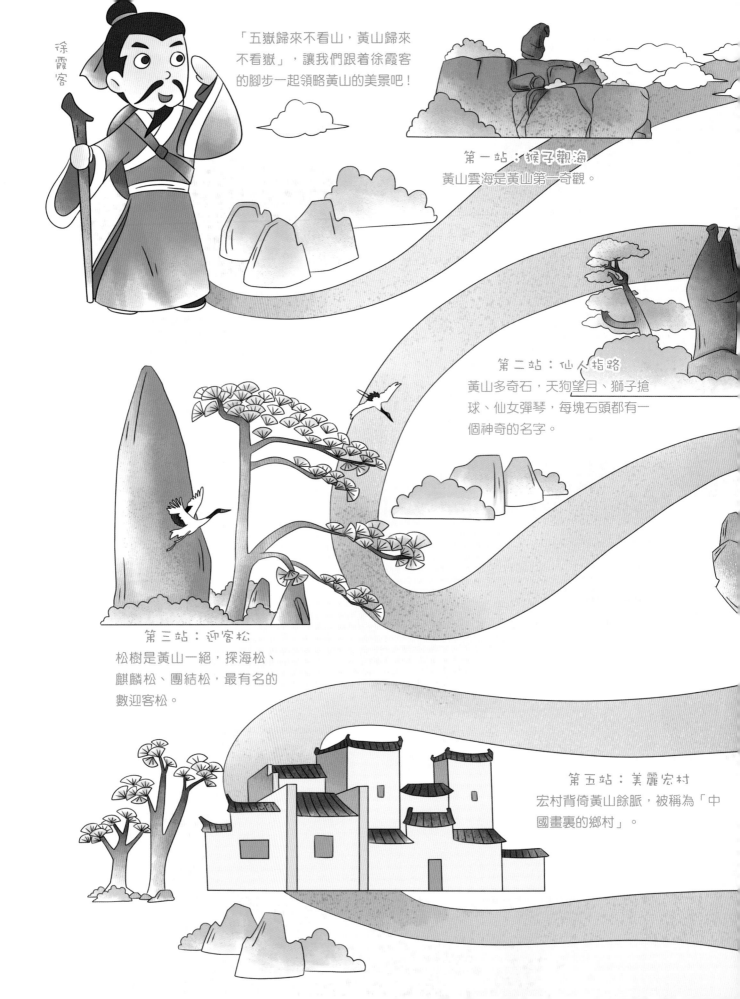

徐霞客

「五嶽歸來不看山，黃山歸來不看嶽」，讓我們跟着徐霞客的腳步一起領略黃山的美景吧！

第一站：猴子觀海
黃山雲海是黃山第一奇觀。

第二站：仙人指路
黃山多奇石，天狗望月、獅子搶球、仙女彈琴，每塊石頭都有一個神奇的名字。

第三站：迎客松
松樹是黃山一絕，探海松、麒麟松、團結松，最有名的數迎客松。

第五站：美麗宏村
宏村背倚黃山餘脈，被稱為「中國畫裏的鄉村」。

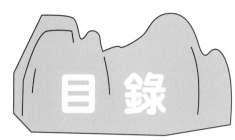

目　錄

第四站：黃山温泉
雲海、怪石、奇松和温泉被稱為黃山四絕。

黃山美極了，果然是天下第一奇山！

　　你是否見過雲海翻滾、怪石嶙峋的黃山？你是否見過煙雨民居、祠堂牌坊？你是否知道徽學徽商、筆墨紙硯？五嶽歸來不看山，黃山歸來不看嶽。讓我們一起去如詩如畫的黃山看看吧！

黃山歸來不看嶽

徐霞客的名言

「五嶽歸來不看山，黃山歸來不看嶽。」這句話是對黃山之美的最高禮讚。

說這句話的，可不是一般人，而是我國明代著名的旅行家和地理學家徐霞客！

徐霞客用一生的時間遊歷和考察了祖國的大好河山，並曾兩次遊歷黃山。

第一次，徐霞客冒着大雪遊覽黃山，而且歷時十天。山上的雪很厚，一些地方已經結冰了。徐霞客靠鑿冰拄杖登上了黃山。山上隱居的僧人發現他時，吃驚不已，因為他已經被困在山上三個月了。可想而知，徐霞客冒了多大的險！

第一次遊歷顯然意猶未盡。兩年後，徐霞客再次來到黃山。這一次，他遊覽黃山時不顧山上僧人們的一再勸阻，毅然登上了黃山最險的山峯——天都峯，以及最高的山峯——蓮花峯。當徐霞客克服千難萬險成功站在天都峯上時，興奮地直呼：「如果不是再來一次黃山，怎知道這裏如此奇妙！」

「黃山歸來不看嶽。」徐霞客的這句名言和他的意志、勇氣一起，留給了後人。

▶黃山美景

▲黃山第一高峯──蓮花峯

◀黃山第一險峯──天都峯

黃山位於安徽省南部，原名黟山，唐代天寶六年（747 年）後改為黃山。相傳黃帝與容成子、浮丘公同在此煉丹，故名黃山。核心景區面積約 160.6 平方公里。黃山風景，以奇松、怪石、雲海、溫泉最為著名。

徐霞客兩次登黃山的時候都寫了遊記。後人在《徐霞客遊記·黃山》中看到，他是這樣描繪黃山的：左天都，右蓮花，背倚玉屏風，兩峯秀色，俱可手攬。四顧奇峯錯列，眾壑縱橫，真黃山絕勝處……薄海內外無如徽之黃山，登黃山天下無山，觀止矣。

猴子觀海

　　黃山上有一隻石猴子，終年累月地蹲坐在北海獅子峯前，望着眼前翻滾的雲海，憧憬着夢筆生花。

　　傳說，這隻猴子本來是一隻活蹦亂跳的猴子，只因牠迷上了黃山的雲海，終日靜坐不動地觀賞雲海，最終就變化成了石猴子。雲海就那麼好看嗎？我們也來看看吧！

▲黃山雲海是黃山第一奇觀

誰點化了它們

▲仙人指路

除了「石猴」，黃山上還有許許多多奇峯怪石，它們或者單獨成形，或者組成一組。其中有「仙桃石」「金雞叫天都」「仙人指路」……

傳說，黃山峯多路幽，很多人進山會迷路。一日，一位採藥的小伙子在山裏迷了路，急得團團轉。忽然，前邊走來一位老翁，樂呵呵地為小伙子指明了回家的方向。小伙子高興地轉身感謝，卻發現老翁不見了，眼前立着的是一塊奇石，就像一位伸出手指指路的仙人。

不知道是老翁幫了別人變成了「指路的仙人」，還是黃山的石頭「有情有義」？不光是「仙人指路」，幾乎每一塊黃山石頭都有一個神奇的名字，其背後又都有一個美麗的故事。

◀仙桃石

給黃山石起名

小朋友，看看下面的黃山石像甚麼？試着給它們起個名字吧。同時，請你發揮想像，為它們編出美麗的故事。

名字（　　　　　　　）

名字（　　　　　　　）

名字（　　　　　　　）

4

名字（　　　　）

5

名字（　　　　）

6

名字（　　　　）

7

名字（　　　　）

8

發揮想像畫出黃山石

請從下面所列的奇石名字中選擇一個，嘗試把它畫出來。

飛來鐘　夢筆生花　仙人下棋　鯽魚背　獅子搶球　喜鵲登梅　鰲魚馱金龜

鰲魚吃螺螄　豬八戒照鏡子　天女繡花　夫妻談心　童子拜觀音　武松打虎

迎客松在歡迎誰

除了雲海和怪石，黃山上的松樹也是一絕。有人說，黃山無峯不石，無石不松。如果說黃山是一幅中國畫，松樹就是其中的點睛之筆，它們把黃山裝扮得更加有生氣和美感了。

黃山上到處都是松樹，松樹大多生長在石縫間，形態各異。有從懸崖峭壁伸出的「探海松」，有貼着巨石生長的「掛壁松」，有抱成一團的「團結松」，有形神皆備的「麒麟松」，有圍在一起其樂融融的「陪客松」⋯⋯其中，最美也最有名的要數「迎客松」了。

看吧！迎客松每天伸出它熱情的臂彎，招呼着四面八方的遊客！無論是炎熱盛夏，還是雪地冰天，迎客松的熱情絲毫不減。不知從甚麼時候開始，大家就把迎客松看成了黃山的代言人。見到迎客松，就想到了黃山；想到黃山，眼前就出現了迎客松的形象。

在大家眼裏，迎客松不僅熱情，還有很多可貴的品質。例如，它有頂風傲雪的自強精神，堅韌不拔的拼搏精神，百折不撓的進取精神，眾木成林的團結精神，廣迎四海的開放精神，全心全意的奉獻精神⋯⋯難怪有那麼多的人喜歡黃山松！

▼迎客松

黃山十大名松之一的迎客松被列入世界遺產名錄，成為中國的一張名片。在北京人民大會堂的宴客廳裏，立着一幅來自安徽蕪湖的鐵畫作品《迎客松》，人們爭相在這幅畫前合影留念。

▲探海松

▲龍爪松

▲陪客松

▲麒麟松

▲團結松

小鹿的回報

說完了黃山上的雲海、怪石和奇松，剩下的一絕就是溫泉了。

黃山上的溫泉可不一般，有強身健體和治病療傷的作用。據說，如果老爺爺在溫泉水裏洗上一段時間，鬍子能重新變成黑色。這可不是瞎說哦！這在宋代的一本書——《黃山圖經》中有明確記載。書中說中華民族的始祖——軒轅黃帝曾在黃山溫泉裏沐浴，之後臉上的皺紋都沒有了，整個人返老還童。並且，軒轅黃帝沐浴之後，黃山溫泉名聲大振，被大家稱為「靈泉」。

黃山的溫泉水怎麼會這般神奇呢？

傳說，一位美麗善良的珍珍姑娘，曾在黃山的溫泉邊上救護了一隻中箭受傷的小鹿。後來，小鹿從山裏銜來了一株靈芝仙草，吐在泉水裏。黃山上的溫泉從此就變成能治百病的靈泉了。

▲黃山溫泉水

古時候，人們把黃山溫泉叫朱砂泉，認為溫泉水源自黃山上的朱砂峯。傳説，軒轅黃帝和浮丘公曾在朱砂峯上採朱砂煉丹。朱砂峯上有朱砂岩，峯下還有朱砂洞和朱砂溪。朱砂溪裏的水流到黃山溫泉裏，溫泉水就會變成紅紅的朱砂水。歷史上也有黃山溫泉變赤水的記載。有人計算出，黃山溫泉每隔 300 年會流一次朱砂紅水。

現在，我們雖然沒有機會親眼看到黃山溫泉裏的朱砂紅水，但有機會飽覽黃山水的絢麗多彩。

黃山溫泉，與驪山的華清池和安寧的碧玉泉並稱為我國溫泉「三奇」，被譽為「天下名泉」。黃山溫泉屬高山溫泉，孕育在巍峨的紫雲峯腳下，與桃花峯隔溪相望。溫泉水含有重碳酸鹽等多種礦物質，透明清澈，常年不息，水溫保持在42 攝氏度左右，可飲可浴，對消化系統、神經系統和心血管等多方面的病症都有顯著的療效。

▲油畫《黃山溫泉》

黃山水五彩絢麗，已經成為藝術家熱衷表現的對象。看，畫家筆下的黃山溫泉水是不是更加絢麗呢？

水墨宏村入畫來

畫裏宏村

　　黃山美，黃山周圍也很美。看到這些美麗的照片，我想，不需要多說甚麼，你肯定希望知道這在黃山的哪個位置，迫不及待地希望進入畫中，進入這畫中的鄉村，真實地感受那裏的美麗！

　　畫中的鄉村叫宏村，背倚黃山餘脈，被稱為「中國畫裏的鄉村」。如果說黃山的美完全是大自然的功勞，宏村的美則是人與自然和諧共處的表現。在宏村，遠處的山與腳下的水，就像是人們活動的山水大舞台，交相唱響山水泉音，身後的白牆黛瓦與手邊的綠草紅花，就像是我們舞蹈的佈景道具，讓你忍不住擺出優美的姿態，去感悟那古韻琴聲。

　　宏村，位於安徽省黃山西南麓，距離古徽州六縣之一的黟縣縣城 11 公里，是古黟桃花源裏一個奇特的「牛形」古村落。宏村的「宏」取宏廣發達之意。2000 年 11 月，聯合國教科文組織第 24 屆世界遺產評委會上，宏村和皖南黟縣的西遞村古民居建築羣，一起被正式列入世界文化遺產名錄。西遞、宏村古民居是人類古老文明的見證，在人居環境、建築藝術、地方歷史文化和民族習俗風情等方面，為研究我國民居建築史提供了寶貴資料，堪稱「活的古民居博物館」。

「牛形」的村莊

宏村不僅看起來美，而且你能夠在其中深切地感受到中國古人與大自然和諧共處的智慧。

在明代，宏村經過 130 多年有計劃的設計與開發，建成了「牛形」村莊。人們從村中一個天然泉水處開始挖掘，成功地運用人工水系，將泉水引入每戶人家，並使泉水長年不腐。這一人工水系不僅為宏村人生產和生活用水提供了方便，而且解決了消防用水的問題。最重要的是，這一人工水系在村戶中穿繞，調節了村中的氣溫，美化了村民的生活環境。

▲這是南湖，宏村的兩個「牛胃」之一。在不同的季節，南湖表現出不同的美。在村後黃山的襯托下，整個宏村顯得安靜閒適，超然世外。

▲這是宏村的第二個「牛胃」，位於村中間的月沼。月沼是一個半月形的池塘。到了晚上，走在月沼邊，看着地上的「半月」與天上的月亮交相輝映，頓覺趣味盎然，心曠神怡。

▲ 宏村人家的庭下即溪水，整座房子就
像建在水上一樣。坐在庭裏休息時，
能感受到涼涼的愜意。

▲ 宏村的每條巷子都會流過一條小
溪，溪水十分清澈明亮。你想不想
試一試水的清涼呢？

從高處看宏村，宏村宛若一頭斜臥山前
溪邊的青牛。村後的山丘是「牛頭」，村子
本身就是一個「牛身」。宏村這頭「牛」有
兩個「牛胃」，一個是半月形的月沼，一個
是南湖。這樣，這頭「牛」就能成功地「反
芻」了。一條四百餘米長的溪水盤繞在「牛
腹」內，穿行於村戶家中，被稱作「牛腸」。
村西溪水上架起的四座木橋就像是「牛
腳」。這樣，整體上形成了「山為牛頭，樹
為角，屋為牛身，橋為腳」的「牛形」村落。

請在右邊的地圖中分別找到「牛頭」「牛
身」「牛胃」「牛腸」「牛腳」吧！

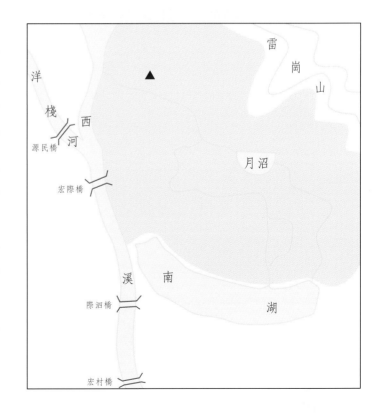

　　除了依山抱水的環境和設計精巧的人工水系，宏村裏還有
很多寶貝，如馬頭牆、木雕、石雕和磚雕等。

　　宏村裏的古建築是徽派民居的代表。村裏一色
的白牆黛瓦，高高的馬頭牆，配上工藝精湛的木
雕門窗，遠觀樸實端莊，近看不失氣勢和意趣，
整體傳遞着含蓄優雅的風韻。其中，承志堂是宏村
裏最為宏大和精美的建築，被譽為「民間故宮」，又
被稱為徽派木雕工藝陳列館。承志堂裏各種木雕層次豐富，
繁複生動，經過百餘年時光的消磨，至今仍金碧輝煌。

▲宏村裏的徽派民居

▼馬頭牆

▲宏村裏的承志堂

▲上圖都是宏村承志堂裏的木雕作品。在欣賞這些精美
的雕刻作品時，人們會忍不住地讚歎和好奇，是誰製
作的雕刻如此巧奪天工。

　　黃山一帶的木雕、石雕和磚雕都很有名。下圖第一位老爺爺正在一大塊木頭上雕
刻浮雕作品，第二位叔叔正在用一個樹根雕刻一個立體形象，第三位伯伯從事的是石
雕和磚雕創作。

　　如此精湛的雕刻作品從何而來？從以上照片中，我們可以看出雕刻工藝師正聚精會神地構思
和雕琢作品，他們不計工藝的繁瑣和勞動的辛苦，只待雕出絕妙無比的作品，用來裝飾我們流淌
的歲月，留下千年讚歎的作品。

徽州文化傳四方

我是徽州人

古時候，黃山所在的地區被稱為徽州。如果有黃山人對你說「我是徽州人」，他一定不僅僅是告訴你他的家在黃山腳下，更多的是希望向你傳遞另外一些信息——我很自豪，我是徽州人，我們有重學的傳統……

▲宏村南湖書院門前

比如，無論大家小戶，徽州人家的楹聯肯定有一些共同之處。從「孝悌傳家根本，詩書經世文章」，到「幾百年人家無非積善，第一等好事只是讀書」，再到「讀書勵志，清白傳家」，這些楹聯都談到了讀書的重要性。這說明，徽州人注重讀書治學。

徽州人重學，所以他們大力興教。幾乎每一個徽州人聚居的村落都有專門的治學或藏書的地方。甚至，在只有幾戶人家居住的小村莊，也能常常聽到讀書聲。例如，一個小小的宏村，就曾有六家私塾，後來合併成了大的南湖書院。書院就坐落在南湖北畔，位於村裏非常顯要的位置。

左圖為南湖書院的正門。當地兒童會在書院誦讀《朱子治家格言》。今天，宏村附近的兒童雖然有了現代化學校就讀，但他們還常常會到南湖書院感受古人讀書重學的氛圍。

由於重學興教，徽州人才輩出。朱熹、戴震、胡適和陶行知等一批文化大家都是徽州人。

▲朱熹

▲戴震

▲胡適

▲陶行知

▲徽州人家裏的楹聯

▲前廳

　　我們注意到，很多徽州人家裏，除了掛楹聯以外，他們的前廳一般都是這樣的擺放方式——條案中間擺着鳴鐘，鐘的兩側擺着鏡子和瓷瓶。這寓意終生平靜（與「鐘聲瓶鏡」諧音），表示主人希望自己和家人一生平平安安。

徽商行天下

除了很多文化大家以外，徽商在全國也是很有影響力的。特別是清朝，徽商在全國的很多領域都獨佔鰲頭，他們的富有連當時的乾隆皇帝都自歎不如。

細數歷史，徽商最有名的代表就是胡雪岩了。胡雪岩，是我國近代著名的「紅頂商人」，既是企業家，又是政治家。他從一個錢莊小伙計開始，到最後成為當時中國的「首富」。他通過自己構築的龐大金融網絡，不僅操縱江浙一帶的商業，影響全國，還為晚清政府籌得軍餉。胡雪岩一度成為中國商人的偶像。

胡雪岩能夠成功首先得益於他本人的誠實和勤快。胡雪岩小時家裏並不富裕。一次放牛時，他撿到了一個藍布包袱，裏面裝滿了金銀財寶。胡雪岩把包袱藏到草叢裏，然後像沒事兒一樣，坐等失主。一直到太陽快下山了，才有一個人神色慌張地跑過來問：「小哥，你有沒有看到我丟的東西？」胡雪岩反問道：「你丟了甚麼東西？」「一個藍色的包袱。」胡雪岩又接着問：「裏面都有些甚麼東西？」那個人趕忙把裏面的東西一一說出來。胡雪岩見他說得分毫不差，這才將包袱取出來還給了他。

包袱失而復得，失主高興地從包袱中拿出兩樣東西酬謝胡雪岩。胡雪岩連忙拒絕說：「謝謝，但是我不能要，這本來就是您的東西。」失主聽後，大為感動，提議：「我姓蔣，在大阜開有一家雜糧店。你這麼好的小孩，我收你當徒弟如何？」胡雪岩想了想說：「我現在不能答應您，要回去問過母親才行。如果母親同意的話，我當然樂意跟您去。」蔣老闆一聽，更是覺得這個徒弟收定了，就留下地址，囑託胡雪岩徵得母親同意後去找他。後來，在得到母親支持的情況下，胡雪岩獨自一人離家開始了學徒生涯，從此走上了經商的道路。這年，他才 13 歲。

胡雪岩▶

徽商致富的法寶是甚麼呢？就是他們每天都會誦讀的商訓。

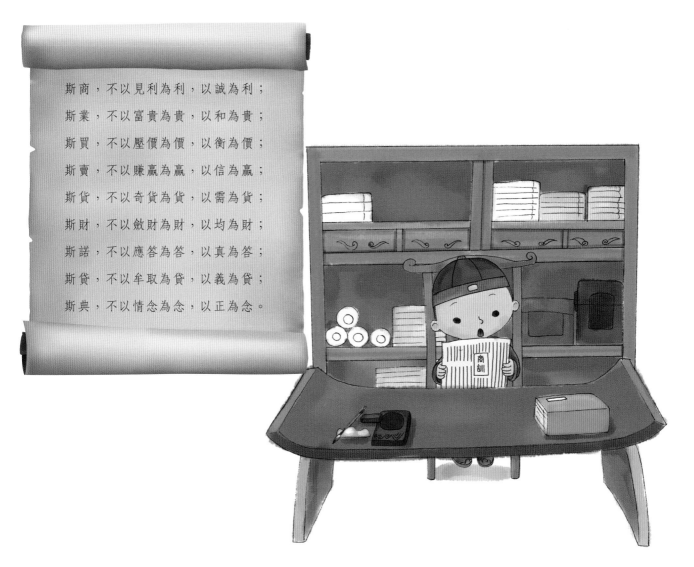

斯商，不以見利為利，以誠為利；

斯業，不以富貴為貴，以和為貴；

斯買，不以壓價為價，以衡為價；

斯賣，不以賺贏為贏，以信為贏；

斯貨，不以奇貨為貨，以需為貨；

斯財，不以斂財為財，以均為財；

斯諾，不以應答為答，以真為答；

斯貸，不以牟取為貸，以義為貸；

斯典，不以情念為念，以正為念。

如果一名徽商有好幾個兒子，這位父親會讓最聰明的兒子做甚麼呢？是讀書，還是經商呢？你來猜猜看，在徽州人的眼裏，讀書和經商哪個對子女更重要呢？

答案當然是讀書。

徽商講文化，賈而好儒。這已經成為徽商的傳統和標誌。直到今天，年輕一代的徽商們還常常組織論壇和各種學習活動，自發地提升自身的素質修養呢！

黃山聚天下畫家

　　中國畫壇有一個專門的黃山畫派。這裏面除有黃山本地畫家外，更多的是被黃山吸引來的其他籍貫的畫家。他們扎根黃山，潛心體味黃山美景，描繪黃山的「絕」景名勝，在中國山水畫壇上形成了一個獨特的畫派。其中包括近現代畫家黃賓虹、汪采白、劉海粟、張大千、李可染、賴少其等大家。這些畫家都曾多次遊覽黃山，並創作了很多以黃山為題材的作品。

　　黃賓虹是中國近現代藝術史上傑出的山水畫家。在我國近現代藝術史上所謂「南黃北齊（齊白石）」中的「南黃」指的就是黃賓虹，素有「黃山水，齊花鳥」之說。

　　黃賓虹在 19 歲第一次遊黃山時，就被山中的美景深深地吸引住了，之後九上黃山，自稱「黃山山中人」，並親手編輯了《黃山畫家源流考》一書。

　　黃賓虹有一個畫畫心得——對景作畫，要懂得「捨」字；追寫物狀，要懂得「取」字。「捨」「取」可由人。懂得此理，方可染翰揮毫。（見王伯敏編《黃賓虹畫語錄》）看來，畫畫就如同做人，有取有捨方可得。

▲黃賓虹雕像

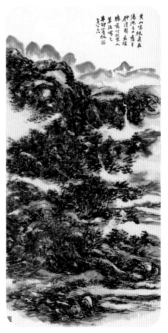

▲黃賓虹《黃山圖》

文房四寶

　　筆、墨、紙、硯是中國人的文房四寶，是中國文化的一部分。儘管很多地方都生產筆墨紙硯，然而在中國歷史上文房四寶主要指黃山地區徽州一帶的筆、墨、紙、硯。例如，在南唐時，文房四寶特指宣城諸葛筆、徽州李廷圭墨、澄心堂紙、婺源（原屬安徽徽州府，現屬於江西）龍尾硯。自宋代以來，文房四寶仍然有三寶來自黃山地區，包括：

　　徽墨。「徽」，指徽州。今天徽墨的主要生產地在安徽省的績溪縣、黃山市屯溪區、歙縣三地。

　　宣紙。「宣」即指安徽宣城，這裏最早生產出宣紙。現在宣紙的主要生產地在安徽省涇縣。

　　歙硯。安徽歙縣出產的硯台。

　　這從另外一個角度再次說明徽州文化的源遠流長與厚重豐富。

徽墨　　　　　　宣紙

歙硯

千古黃山展「新顏」

無限風光在險峯

黃山上，一條若隱若現的絲帶飄浮其中，極像人們為黃山繫上的美麗腰帶（左圖紅圈處）。你知道那是甚麼嗎？

原來是為方便大家欣賞黃山風景的棧道！在如此高而陡峭的岩壁上，這棧道是怎麼修成的呢？

修建棧道無疑是讓遊人領略無限風光在險峯的絕招之一。1982 年 10 月，景區開始修築天都峯棧道。朱士旺就是黃山棧道的修建者之一。棧道修建工作大致分為四步，每一步都是朱士旺和他的工友們用智慧和心血完成的。僅僅是第一步取景位，朱士旺就用了兩年的時間。

最初，老石匠們奉勸朱士旺：「在這樣的懸崖峭壁上修路是癡人說夢，算了吧。」年輕工人建議：「直接修個纜車就完了，簡單多了，遊客也方便。」但是，朱士旺堅信愚公能移山，並且深信「黃山是值得擁抱的，而不只是看」。有了棧道，遊客就能近距離地觸摸黃山。當然，在鑿石鋪路的過程中，朱士旺還一直堅持着一個最重要的原則——絕不破壞山體和松樹。這是朱士旺對黃山的承諾。正是這樣的承諾，千年黃山的「新顏」才那樣的「渾然天成」。

1. 背着繩索和相機搜尋黃山上最佳的賞景位置。

2. 在設計圖上將這些最佳的賞景位置連接起來。

修建棧道的四個步驟

3. 依靠繩索落腳在岩石上，將支柱架嵌入岩石，並澆築上混凝土。

4. 在支柱架上鋪上木板，修建護欄，在路面上澆築水泥。

看到海內外的遊客為黃山美景所吸引，黃山人靈機一動，抓住機會走上了雙贏的國際化道路。

　　從 1991 年開始，黃山市每年都舉行一次「中國黃山國際旅遊節」。這可是黃山所在的安徽省規格最高和規模最大的旅遊節了。旅遊節上，除欣賞黃山風光以外，遊客可以遊覽黃山古民居、中國歷史文化名城歙縣、道教聖地齊雲山、太平湖等。同時，旅遊節推出了觀賞徽州民風民俗表演、黃山書畫展和黃山旅遊攝影展等項目。更重要的是旅遊節上會展銷安徽優質產品、當地特產和旅遊產品等。可以說，這是一個集旅遊、商貿和文化於一體的旅遊節。

　　由於黃山的盛名，每年的旅遊節都能吸引大量的遊客和商人，帶動了黃山周邊旅遊景點的發展，也推動了黃山地區以旅遊為基礎的產業和文化的發展。

▼第十四屆「中國黃山國際旅遊節」開幕禮的大型多媒體歌舞《徽韻》

徽文化的時尚

　　2005 年 11 月 15 日，一場時尚的服裝展在安徽省黃山市體育館舉行。這是第九屆「中國黃山國際旅遊節」閉幕禮的一個節目。咦，這些服裝怎麼看起來這麼熟悉呢？

　　在這些時尚的服裝中，我們看到了皖南宏村的民居、祠堂、古荷塘、三雕、楹聯等徽文化元素，看起來如夢如幻。原來這場服裝展的名稱就叫「『夢幻山水』宏村之戀系列」。

　　怎麼樣？徽文化的時尚看起來也別有一番韻味吧！

　　請指出模特兒的裝扮運用了哪些徽文化元素。

黃山保護的國際標準

黃山的國際化不僅體現在開發經營方面，還表現在環境和文化保護方面。2012 年，黃山管理委員會收到了全球可持續旅遊發展委員會的邀請，參與制定了《全球目的地可持續旅遊標準》。而且，黃山管理委員會提出的黃山保護理念被接納為該國際標準的主要綱目。在發展過程中，黃山管理委員會建立了「在保護中發展，在發展中保護」的黃山管理模式，堅持「山上山下互動，服務周邊羣眾」的發展理念，積極吸納和引導公眾參與。黃山風景區的可持續發展與建設已經走在了世界的前列。

曾經，黃山也混亂過——遊客爆滿，到處可見垃圾和「到此一遊」之類的刻痕，遊客與當地羣眾之間的小矛盾，等等。

如今，黃山井然有序——

每一棵古樹名木都有專人護理；

整個山上加設了防火、防水網；

景點實行定期封閉「輪休」，為景點生態環境的恢復提供了足夠的時間；

遊客要採用環保的交通方式進入景區；

遊客在黃山不僅遊覽風景，還可以了解保護生態環境的知識；

當地的羣眾既能依靠旅遊業來提高收入，同時也是黃山建設的參與者和保護者；

…………

▲黃山上遊人如鯽

「環境影響最小化、經濟產出最大化、社會影響最優化、遊覽體驗最佳化」，這是中國黃山景區在實踐中提煉出來的理念。

▲暴雪降臨，黃山管理委員會的工作人員在進行保護古樹的工作（引自新華網）

▲黃山環衛工用繩索滑下懸崖撿拾垃圾

▲黃山環衛工在進行山路除雪工作

黃山景區的管理經驗不僅得到了國際社會的認可，也吸引了國內外同行前來參觀學習。同時，黃山的可持續發展與建設理念不僅用於黃山這一景區的建設，還擴展影響到其周邊的旅遊景區的建設。

　　在黃山南邊有一個呈坎村，也是世界自然和文化遺產。人們在對呈坎村進行古村落旅遊開發時，提前規劃和統籌管理。全村制訂了古村落保護規劃，成立公司負責統一運作。農民家房子舊了，修房錢由公司出，農民不用搬出，仍然居住在裏面，但有一個條件，房子用途村裏統一安排，這樣做的最大好處是避免了家家開飯店、開旅館帶來的惡性競爭。統一佈局讓這座古村落旅遊區、餐飲區、住宿區分佈井然有序。這樣，把文物古跡「死保」變為「活保」，一方面降低了政府異地拆遷安置的費用，另一方面讓古建築有人居住，外來旅遊者可以體驗當地的風土人情和生活習俗……

　　可以相信，有了這樣的保護與發展理念，黃山景區的景致與文化一定會越來越精彩。

▼美麗的呈坎村

我的家在中國・山河之旅 ②

黃山歸來
不看嶽 │ 黃山

檀傳寶◎主編　馮婉楨◎編著

責任編輯：吳黎純　楊 歌

裝幀設計：龐雅美

排　版：陳先英

印　務：劉漢舉

出版 / 中華教育

香港北角英皇道 499 號北角工業大廈 1 樓 B

電話：（852）2137 2338

傳真：（852）2713 8202

電子郵件：info@chunghwabook.com.hk

網址：https://www.chunghwabook.com.hk/

發行 / 香港聯合書刊物流有限公司

香港新界荃灣德士古道 220-248 號

荃灣工業中心 16 樓

電話：（852）2150 2100

傳真：（852）2407 3062

電子郵件：info@suplogistics.com.hk

印刷 / 美雅印刷製本有限公司

香港觀塘榮業街 6 號

海濱工業大廈 4 樓 A 室

版次 / 2021 年 3 月第 1 版第 1 次印刷

©2021 中華教育

規格 / 16 開（265 mm x 210 mm）